PUBLICATIONS DE LA RÉUNION DES OFFICIERS

MÉLANGES MILITAIRES
XXVIII. XXIX.

LA

CAVALERIE DE RÉSERVE

SUR

LE CHAMP DE BATAILLE

D'après l'italien

PAR

FOUCRIÈRE

Sous-Lieutenant au 81e régiment.

PARIS

CH. TANERA, ÉDITEUR

LIBRAIRIE POUR L'ART MILITAIRE ET LES SCIENCES

Rue de Savoie, 6

—

1872

LA CAVALERIE DE RÉSERVE

SUR

LE CHAMP DE BATAILLE

PUBLICATIONS DE LA RÉUNION DES OFFICIERS

500 — Paris, Imp H. Carion, rue Bonaparte, 64.

LA

CAVALERIE DE RÉSERVE

SUR

LE CHAMP DE BATAILLE

D'après l'italien

PAR

FOUCRIÈRE

Sous-Lieutenant au 81e régiment

PARIS

CH. TANERA, ÉDITEUR

LIBRAIRIE POUR L'ART MILITAIRE ET LES SCIENCES

Rue de Savoie, 6

—

1872

AVIS

DE L'ÉDITEUR FRANÇAIS

Le travail que nous publions aujourd'hui, n'est à vrai dire, ni une traduction ni une œuvre de première main : on a extrait de la *Rivista militare* les idées exposées sur la matière dans plusieurs longs et judicieux articles dus à un officier italien distingué.

La cavalerie de réserve n'est dans le premier travail qu'un chapitre d'une étude plus complète sur la cavalerie en général ; ici au contraire elle devient l'objet spécial.

Les idées émises à ce sujet par l'auteur, les exemples cités, les conclusions tirées donnent à cet opuscule un haut intérêt d'actualité. A ceux qui disent que la cavalerie est une arme surannée, que les charges en ligne ont fait leur temps, nous répondrons : Lisez et jugez. Nous ne prétendons point qu'il n'y ait là que des arguments péremptoires, mais nous affirmons que l'on trouvera dans ce travail matière à étude, à discussion et à profit.

L'intérêt accordé à ces lignes dans le *Bulletin de la Réunion des Officiers*, dont nous les extrayons, nous est un garant assuré de l'utilité d'une telle publication : ce n'est en somme que la seconde édition d'une œuvre déjà appréciée et déclarée bonne par les hommes compétents.

Mai 1872.

LA CAVALERIE DE RÉSERVE

SUR

LE CHAMP DE BATAILLE

La cavalerie de réserve est composée de différentes divisions, de grosse cavalerie et de cavalerie légère, réunies quelquefois en corps d'armée, comme dans la campagne de 1812 en Russie ; on y joint quelques batteries d'artillerie, de préférence de l'artillerie à cheval, pour fournir l'élément de force qui manque, c'est-à-dire le feu.

Sous Napoléon 1er, cette réserve formait une masse puissante (dans la campagne de 1805, par exemple, elle comptait 15 mille cavaliers) ; elle était généralement formée de deux divisions de cuirassiers, de trois ou quatre de dragons, et de plusieurs divisions de cavalerie légère.

Pour conduire et faire subsister un si grand nombre de chevaux, on rencontre certainement de grandes difficultés ; mais les résultats que l'Empereur sut obtenir de ces troupes dans chaque campagne le récompensèrent largement des fatigues et des peines qu'il était nécessaire de surmonter pour les entretenir.

Dans les dernières campagnes, nous voyons les Autrichiens, en 1866, réunir une puissante réserve de cavalerie ; les Français, en 1870, avaient environ 15 mille cavaliers pour servir au même but : mais les uns et les autres en tirèrent bien peu de profit.

La Prusse n'a pas de réserve spéciale de cavalerie. Ses forces sont réparties en corps d'armée qui, réunis en nombre variable, forment les armées. A chaque corps est jointe une division de cavalerie, formée généralement de deux brigades et d'une batterie d'artillerie à cheval. On compte dans ces brigades plus ou moins de régiments ; la division Rheinbaben en 1870, par exemple, en renfermait neuf.

Dans la dernière campagne, on laissa ces divisions indépendantes ; elles servaient aux corps auxquels elles étaient attachées : une partie faisait toujours le service d'avant-garde dans les marches, l'autre agissait sur le champ de bataille comme troupe de réserve.

Pour la tactique, de nos jours, c'est peut-être la meilleure formation qu'on puisse adopter ; car, en cas de besoin ou lorsqu'on prévoit une grande action de cavalerie, il est toujours facile de réunir plusieurs de ces divisions pour en former une masse puissante.

Voici pour la formation. Revenons maintenant à notre sujet, c'est-à-dire à l'emploi de ces forces sur le champ de bataille.

La cavalerie de réserve est spécialement destinée à trois buts : 1º décider une action par des charges ; 2º poursuivre l'ennemi lorsqu'il est débandé ; 3º couvrir la retraite.

Personne mieux que Napoléon ne sut employer ces grandes forces de cavalerie et en tirer de prodigieux résultats : c'est avec elles qu'il décida presque toujours le sort de ses grandes batailles, et après le combat il sut toujours admirablement profiter de ses victoires.

Occupons-nous d'abord de la première partie.

Le poste de bataille de cette cavalerie, comme l'indique clairement son but, sera en 3ᵉ ligne avec l'infanterie et l'artillerie de réserve ; on la placera derrière le centre ou aux ailes, selon le plan du commandant en chef. Dans une ba-

taille défensive, elle sera mise de préférence au centre pour
que le général puisse l'avoir sous la main et l'expédier dans
le moment opportun à l'endroit où son action est nécessaire.
Dans l'offensive, on lui assignera le poste le plus favorable,
afin qu'elle puisse entrer en lice au moment décisif.

Ainsi, par exemple, elle pourra être placée derrière les
troupes d'infanterie chargées du mouvement principal ; ou
encore, en colonne sur les flancs de l'armée ; elle aurait une
action libre et pourrait manœuvrer contre les ailes de l'adversaire ou le prendre à revers, en marchant par escadrons,
d'après le plan général de la bataille. — Je dirai même que
je crois cette place la meilleure pour une nombreuse cavalerie ; car, placée en arrière, elle doit être à une distance
telle que les projectiles ennemis ne puissent l'atteindre, de
sorte qu'il sera bien difficile de l'avoir sous la main au moment du besoin.

Par exception elle est appelée quelquefois, à défaut d'infanterie, à occuper du terrain en première ligne, pour unir deux
corps ensemble. Ici la nécessité démontre l'opportunité de
cette mesure ; car au lieu de laisser dans la ligne de bataille
un vide par où l'ennemi pourrait s'introduire, c'est certainement une très-bonne chose que d'agir dans ce sens. Mais, je le
répète, toutes les fois qu'on pourra y suppléer d'une autre
façon, il sera bon de le faire : la cavalerie est l'arme de l'offensive, toute sa force réside dans le choc, et n'ayant en elle-
même aucune action défensive, quand elle est dans une telle
position, elle reste fatalement paralysée.

Après ces observations succinctes sur le poste que la cavalerie doit occuper dans les lignes de bataille, passons aux
charges.

Ici, se présente d'abord cette question : sont-elles encore
possibles ? Il est certain qu'il est maintenant impossible de

décider une victoire par des charges; et ensuite, les grandes attaques, semblables à celles qu'ordonna Napoléon Ier, s'effectueront difficilement ; mais il est évident que ceux qui proscrivent absolument leur possibilité raisonnent à tort.

Il est bon de rappeler à ce sujet qu'il y a déjà un siècle, on écrivit que le perfectionnement des armes à feu rendait la cavalerie presque inutile. On devait seulement l'employer dans les reconnaissances de l'ennemi et dans l'exploration du terrain, de sorte que Lloyd disait, en 1756, qu'un petit nombre de cavaliers seulement devait être adjoint à une armée. Mais vint ensuite Napoléon qui forma des masses considérables de cavalerie, lesquelles, commandées par des généraux habiles et braves, accomplirent des faits tels que leur récit semble maintenant appartenir au *roman*.

Le maréchal Marmont, d'autre part, pensait qu'avec le temps, le rôle de la cavalerie augmenterait et que celui de l'infanterie diminuerait. Dans le 4e volume de ses mémoires, il parle des expériences qu'il avait vu faire en Russie avec les fusées à la *congrève*, et, raisonnant sur la puissance de feu d'un tel instrument de guerre , pensant d'ailleurs à la possibilité qu'il fût adopté dans les armées d'Europe, il en vint à de semblables conclusions. Les faits lui ont donné tort, ce qui prouve combien l'erreur est facile à celui-là même qui est passé maître dans l'art de la guerre.

Au premier abord, le raisonnement de Marmont semble juste. Les batailles, dit-il, se gagnent en forçant l'ennemi à abandonner ses positions pour les occuper soi-même ; et puisque les nouvelles armes rendent si sanglant l'approche de l'adversaire, il devient donc urgent d'arriver sur lui dans le moins de temps possible. Or, l'arme qui parcourt avec le plus de célérité un espace de terrain, c'est la cavalerie ; d'où la conséquence qu'on doit employer cette arme de préférence à toute autre. Et, avec des modifications dans la tactique de la cavalerie, il entrevoyait le jour où celle-ci prendrait la place de l'infanterie, et vice versâ.

En exprimant ces idées, Marmont oubliait totalement que la cavalerie ne va pas partout ; que, même le moindre obstacle, comme un ravin qui peut servir de rempart pour l'infanterie, est pour les chevaux un pas insurmontable. Et il ne songeait pas ensuite au point le plus essentiel, c'est-à-dire qu'une charge poussée jusqu'à l'ennemi n'est point pour cela une charge réussie.

Les exemples historiques de ce genre prouvent que rarement les charges produisent de l'effet contre de l'infanterie en position. Elles doivent être entreprises quand l'infanterie est déjà fortement ébranlée par l'artillerie ; c'est pourquoi Napoléon écrivait que *l'artillerie est le complément de la cavalerie.*

En second lieu, les charges réussiront toujours, même aujourd'hui, quand l'ennemi sera attaqué de front par l'infanterie et lorsqu'elles s'exécuteront pendant ce temps sur un flanc, comme la célèbre charge de Kellermann à Marengo.

On peut encore charger une troupe d'infanterie à l'instant où elle passe d'une formation à une autre ; ou bien aussi au moment où les fantassins sont quasi dépourvus de munitions, et c'est un cas qui se présentera dorénavant assez souvent.

Il existe cependant deux conditions indispensables pour la bonne exécution des charges ; ce sont : l'élan et l'opportunité.

L'élan consiste à arriver sur l'ennemi avec la plus grande vitesse qui puisse convenir aux chevaux ; l'opportunité, c'est le vrai moment à saisir, passé lequel la charge est parfaitement inutile. Cette dernière condition est la plus difficile à observer ; c'est elle qui, négligée ou mal interprétée, rendit vains tant d'assauts de la cavalerie ; c'est par elle que d'habiles généraux qui avaient le don naturel de savoir deviner le moment propice, comme Murat et Lasalle, firent exécuter des miracles à cette arme. Lorsque la cavalerie, au contraire, est sous le commandement d'hommes qui ne sont pas aptes à saisir l'opportunité, elle perd son importance.

Il y a encore une autre cause augmentant les obstacles déjà si nombreux qui s'opposent à la réussite des charges, c'est le développement sans cesse grandissant de la culture et de l'irrigation des champs ; de sorte qu'on reconnaît toujours la nécessité de faire explorer à l'avance, par quelque hardi cavalier, le terrain sur lequel on veut charger. Cette condition est maintenaut indispensable.

Si nous voulions nous renfermer dans cet argument, nous n'en finirions plus, tant sont nombreuses les observations dont il est susceptible ; il suffira de ce qui a été dit jusqu'ici et nous terminerons par quelques exemples historiques.

A Eylau, après deux heures d'une vive canonnade des deux côtés, Napoléon ordonna au maréchal Augereau de se porter en avant contre le centre de l'armée russe en cherchant à unir sa droite à la division Saint-Hilaire et au corps du maréchal Davoust qui formait l'extrême droite française et menaçait le flanc de la gauche ennemie.

Ce mouvement ne put s'exécuter qu'en partie ; une neige épaisse couvrait le champ de bataille, en sorte qu'on perdit la direction de la marche et les colonnes appuyèrent trop à gauche ; d'un autre côté, les divisions qui s'avançaient eurent à essuyer le feu meurtrier d'une batterie de 52 pièces que les Russes démasquèrent à leur centre. En un quart d'heure le feu mit dans une affreuse position le corps du duc de Castiglione.

L'infanterie française était obligée de se retirer et les Russes commençaient une série d'attaques à gauche du village d'Eylau contre le moulin de ce nom. Napoléon ordonne aussitôt que toute la cavalerie de réserve et celle de la garde impériale qui étaient réunies derrière le centre, se portent en avant. Murat commandant la première et Bessières la seconde, exécutent immédiatement l'ordre reçu et entreprennent une charge générale avec tant de célérité et d'audace, que l'infanterie ennemie n'a pas le temps de se former en carré pour la recevoir.

L'élan de ces cavaliers fut très-impétueux ; quelques escadrons de chasseurs de la garde traversèrent toutes les lignes de l'infanterie russe qui formait le centre de l'armée ennemie, et vinrent se heurter contre la cavalerie qui, placée en arrière, se mettait alors en mouvement pour porter secours à son infanterie. Le résultat de cette charge fut immense ; le mouvement en avant des Russes fut complétement arrêté : l'infanterie, sabrée par les cavaliers français, dut se retirer dans un bois voisin, afin de trouver un rempart contre la cavalerie.

A partir de ce moment, la victoire fut décidée : la marche du corps de Davoust sur le flanc gauche des Russes, et, plus tard, l'arrivée de Ney sur leur flanc droit et presque sur leurs derrières, les décida à battre en retraite.

Il est à déplorer qu'on n'ait pas le détail des ordres qui furent donnés pour l'exécution d'une charge aussi brillante. Ces cavaliers s'avancèrent malgré un feu meurtrier qui avait déjà contraint l'infanterie à reculer, et on peut dire qu'en ce jour s'accomplit un des faits les plus glorieux qui puisse se noter dans les fastes de la cavalerie.

A la bataille de la Moskowa, la cavalerie française, formée en corps de plusieurs divisions, était placée de la manière suivante : le 1er corps (Nansouty) était en colonne par brigade derrière l'aile droite, le 2e (Montbrun) au centre, le 3e (Grouchy) à la gauche, et le 4e (Latour-Maubourg) en réserve et en dernière ligne.

Il serait trop long de rapporter la part que prit chacun de

ces corps dans cette journée ; ce serait même parfaitement inutile : je me bornerai à donner une légère idée de l'entreprise extraordinaire du 2ᵉ corps.

Les Russes avaient élevé des ouvrages de campagne sur leur front ; au centre, se trouvait une grande redoute. C'est précisément à cette redoute que la ligne de Kutusoff s'appuyait vers le milieu de la journée. Napoléon envoya l'ordre au prince Eugène et au roi de Naples de faire un mouvement combiné contre cet ouvrage. C'est là qu'on voit réellement ce que peut faire une excellente cavalerie.

Caulaincourt, qui remplace Montbrun, mort peu de temps auparavant, doit outrepasser la redoute, tourner à gauche et attaquer l'ouvrage par derrière, pendant que les colonnes du prince Eugène marcheront de front.

Les cuirassiers volent à travers ce terrain battu dans tous les sens par la mitraille, en sabrant tout ce qui se trouve à leur rencontre, et en peu de temps ils se précipitent par la gorge de l'ouvrage dans la redoute. Caulaincourt y perd la vie au milieu de ce triomphe nouveau pour la cavalerie ; mais la redoute est prise et 21 canons tombent au pouvoir de ces braves soldats. Les colonnes du vice-roi escaladent les bastions de la redoute, y entrent, et y trouvent les cuirassiers.

Lorsque l'esprit se reporte aux charges d'Eylau exécutées au moment où l'infanterie ne pouvait plus avancer sous la pluie de mitraille qui était dirigée contre elle, et à ce fait de la redoute prise d'assaut par la cavalerie, qu'on se rappelle les faits récents où l'on voit être possible à l'infanterie de la garde prussienne (18 août 1870) de marcher à l'attaque de Saint-Privat en parcourant un espace de 2,000 pas sur un terrain découvert, qu'on la voit s'arrêter à demi distance pour attendre le mouvement d'une division saxonne sur son flanc gauche ; lorsqu'on pense à ces faits, on se demande vraiment si l'action du feu est capable d'arrêter une masse de cavaliers bien décidés à mourir, pourvu qu'il en reste une partie pour remplir le but.

En réfléchissant aux deux attaques décrites ci-dessus, nous voyons que de telles charges sont de vraies avalanches auxquelles rien ne peut résister et qui brisent tout; notre imagination s'exalte et nous fait croire qu'il n'y a pas d'infanterie au monde capable de résister à de semblables chocs.

Nous tirerons un autre exemple de la bataille de Waterloo. Je ne dirai rien des charges immortelles exécutées par la cavalerie française que nous connaissons tous et qu'il serait d'ailleurs impossible d'exécuter maintenant dans de semblables conditions. Je parlerai, au contraire, de celle qui fut exécutée par les Anglo-Prussiens vers la fin de la bataille, pour montrer quel dommage peut causer la cavalerie, et, par contre, quel avantage on peut en tirer.

Nous savons tous que Napoléon avait déjà, pour ainsi dire, gagné la bataille, quand l'arrivée de Blücher vint lui arracher des mains la victoire.

Dans ce moment décisif, alors que les Prussiens de Blücher s'étaient emparés de la Haye-Sainte, et que ceux de Bulow marchaient sur Planchenois, Napoléon ordonna un changement de front à la garde qui s'était arrêtée pour se porter en avant; mais la cavalerie prussienne se répandit sur le champ de bataille, et peu après survint une brigade anglaise qui arrivait d'Ohain. Les 2,000 cavaliers pénétrèrent entre le général Reille et la garde : tout à coup le désordre se mit de toutes parts; Napoléon lui-même ne put se sauver qu'avec peine au milieu d'un carré de la garde. Non-seulement la bataille était perdue; mais il n'était plus possible de faire une retraite en bon ordre : ce fut une déroute complète et chacun pensa à se sauver du mieux qu'il put.

L'arrivée des colonnes prussiennes fut bien le moment

décisif de la bataille ; mais la victoire complète est due à la cavalerie qui a admirablement rempli sa mission.

Jusqu'ici nous avons vu l'emploi de la réserve de cavalerie dans la dernière phase de la bataille et toujours pour décider de la victoire : il est cependant encore une pénible tâche de la cavalerie dans les moments suprêmes ; c'est celle de s'opposer à la marche de l'ennemi en se sacrifiant, quelquefois même totalement, afin de pouvoir réussir dans le but qu'elle se propose. Elle pourra toujours être employée à cet usage pourvu qu'elle soit accompagnée par une nombreuse artillerie et aidée de quelques fractions d'infanterie.

La cavalerie française nous offre aussi un noble exemple à Wörth, quand elle tenta d'ouvrir la communication du centre avec l'aile droite, interceptée par la marche en avant des Prussiens sur Elsashausen.

La brigade de lanciers Nansouty et particulièrement la brigade de cuirassiers Michel (8e et 9e régiment), attaquèrent les Prussiens avec la plus grande impétuosité. Les deux régiments de cuirassiers furent presque détruits par le feu de l'infanterie et de l'artillerie prussiennes qui s'appuyaient sur la rive gauche de la Sauer. Il resta 150 hommes de ces régiments ; il est impossible de donner une plus grande preuve de valeur et de bonne volonté à se sacrifier pour son armée : leurs efforts demeurèrent infructueux, mais l'histoire rappellera ces traits d'héroïsme.

A la bataille de Vionville, la cavalerie prussienne exécuta des charges furieuses. Le corps du maréchal Lebœuf s'était avancé vers Bruville et menaçait les positions de l'extrême gauche prussienne. Les dragons de la garde et la division Rheinbaden se portèrent en avant ; les premiers se heurtèrent contre l'infanterie de Lebœuf, et la division Rheinbaden contre cinq régiments de cavalerie de la garde française ; on chargea vigoureusement, avec beaucoup de courage, avec de grands sacrifices. Grandes furent les pertes des deux côtés; on souffrit spécialement des feux de mousqueterie et d'artillerie.

Le résultat de ces charges fut bien peu important d'abord pour les Prussiens; mais il influa ensuite sur la marche générale de la bataille, puisque, pendant ce temps, l'infanterie qui était en désordre put se réunir, et que d'autres divisions eurent le temps d'arriver sur le lieu de l'action.

Ce qui a été dit jusqu'ici concernant les charges doit être suffisant. Si on ne les croit plus susceptibles de bons résultats, elles sont cependant indispensables à des moments donnés, comme nous le montre l'histoire de la dernière campagne. Il suit de là que les charges seront toujours une des parties importantes du service de la cavalerie de réserve, sinon la principale comme autrefois.

Passons à la deuxième partie.

Pendant l'action c'est encore de la réserve de cavalerie que se tirent les escadrons, les régiments, et même de plus grandes fractions que l'on veut charger de quelque expédition ou incursion, soit sur le flanc, soit sur les derrières de l'ennemi.

Ainsi, à la bataille de Gravelotte, nous voyons deux escadrons saxons chargés de se porter derrière l'armée française et de couper la ligne télégraphique entre Metz et Thionville, à Woippy, dans la vallée de Moselle. Ces escadrons durent traverser des bois excessivement difficiles : ils endurèrent beaucoup de fatigues pour remplir la mission qui leur avait été confiée, mais ils réussirent.

A Sedan, une division entière de cavalerie se porte en arrière des Français, sur la route qui conduit en Belgique et leur intercepte cette voie de salut. Quand on est sûr à l'avance de la victoire, comme pouvaient l'être les Prussiens à Sedan par les positions qu'ils occupaient et par le nombre

2

supérieur de troupes dont ils disposaient, on ne peut mieux employer la cavalerie qu'en la portant sur la ligne de retraite qui peut rester à l'ennemi.

L'emploi de la cavalerie dans les circonstances extraordinaires sera d'un grand secours : elle pourra se porter rapidement en entier ou en partie sur un autre point du champ de bataille pour renforcer les troupes qui s'y trouvent. Ainsi, à Wagram, Napoléon envoya rapidement deux divisions de cuirassiers à sa droite pour repousser l'offensive des Autrichiens, et les fit revenir au centre après coup.

A la bataille de Königgraetz, si Benedek n'avait pas disséminé toute sa cavalerie de réserve sur tout le front de son immense ligne, il aurait pu avec elle arrêter la marche de l'armée du prince royal. Il est certain que la cavalerie seule n'aurait pas été capable de tenir tête à l'armée du prince, mais il ne serait pas arrivé ce fait qu'une division put s'emparer sans peine du village de Chlum qui était la clef de la position. La cavalerie aurait tenu momentanément l'ennemi, et, cependant, les divisions d'infanterie auraient eu le temps de prendre de nouvelles positions. Il me semble qu'en de semblables circonstances il est bon d'envoyer la cavalerie en avant pour faire perdre du temps à l'ennemi ; on en gagne de son côté et l'on peut ainsi prendre de bonnes dispositions.

Nous avons terminé cette partie du service de la cavalerie de réserve sur le champ de bataille; parlons maintenant des poursuites.

Dans une guerre, on ne se propose pas seulement de gagner les batailles ; on doit chercher par tous les moyens à faire le plus de mal possible à l'ennemi. Le moment le plus opportun est celui qui succède à une bataille perdue. Napoléon Ier fut encore le maître de tous dans l'art de savoir profiter de la victoire.

L'arme la plus apte à remplir ce but est précisément la

cavalerie. On peut encore mettre à profit la vitesse du cheval pour se porter sur les derrières de l'ennemi et lui couper sa ligne de retraite, comme le fit Grouchy à Vauchamps. Bien employée dans une circonstance semblable, elle peut procurer à l'armée autant d'avantages qu'il serait possible d'en retirer du gain d'une autre bataille. Il est nécessaire de répéter encore ici ce qui a déjà été dit : il faut joindre à la cavalerie beaucoup d'artillerie et quelques fractions d'infanterie. La poursuite seule fait tomber entre les mains du vainqueur un grand nombre de prisonniers, de chevaux, d'armes, etc..., et démoralise plus facilement l'armée battue.

Ici, il n'est pas question de grand élan ni de coup d'œil : il faut seulement que les ordres soient donnés à temps, afin que certains régiments se mettent à propos en mouvement; et selon que l'armée ennemie est plus ou moins en désordre, la mission de ces cavaliers est plus ou moins difficile.

Dans la campagne de 1813, en Allemagne, Napoléon, dépourvu de cavalerie, gagna certainement les batailles de Lutzen et de Bautzen, mais il ne put profiter de ses victoires : les armées alliées se réunissaient un peu plus en arrière et étaient aussitôt prêtes à recommencer la lutte. Il est permis de supposer que les choses auraient pris une tout autre tournure si l'armée française avait eu, comme dans les autres campagnes de l'Empire, une puissante cavalerie.

Pour continuer le système que nous avons employé jusqu'ici de fournir des exemples à l'appui de nos assertions, nous passerons rapidement en revue la poursuite de l'armée prussienne après Iéna.

Il semble que les campagnes entre la Prusse et la France doivent toujours être marquées par des événements extraordinaires. Dans la lutte toute récente, nous avons les deux capitulations de Sedan et de Metz qui remplirent d'étonnement le monde entier ; car ces faits sont nouveaux dans les annales de l'histoire militaire et tels qu'il n'était donné à personne de les prévoir. Nous voyons d'ailleurs l'armée française, réputée avec raison une des meilleures de l'Europe, entièrement écrasée par son ennemie.

En 1806 il se passe aussi quelque chose d'extraordinaire ; une seule victoire des Français rend le vainqueur maître de tout le royaume prussien. Après Iéna, il n'est plus question de bataille ; les différents corps français marchent tous avec plus ou moins d'élan, dans le but de couper les communications aux colonnes désorganisées de l'ennemi. Dans le courant d'un mois, excepté un petit corps (les 20,000 hommes de Lestocq), toute l'armée prussienne est faite prisonnière, puisque toutes les forteresses ont capitulé, et Napoléon commande à Berlin. Il y a quelque chose de presque surnaturel dans ces événements : il semble que la fortune s'en soit chargée à dessein, afin de montrer l'instabilité des choses humaines. Mais revenons à notre sujet.

Pendant que la lutte s'engageait devant Iéna, la cavalerie de Murat se trouvait en arrière, sur la route qui va de Camburg à Naumburg, au delà de la Saale. Elle continua sa marche pendant tout le jour et arriva sur le champ de bataille au moment favorable.

Alors, le centre de l'armée prussienne avait déjà commencé son mouvement de retraite sur Weimar ; la réserve, sous les ordres du lieutenant-général Rüchel, s'était portée en avant pour arrêter les Français. Les divisions de Rüchel étaient venues se heurter contre les troupes du duc de Dalmatie : attaquées avec impétuosité, elles avaient rétrogradé, et Rüchel avait pris position à Wiegendorf, sous la protection de sa nombreuse cavalerie.

Les troupes françaises se formaient en carré pour résister aux attaques de cette cavalerie, lorsqu'on vit arriver Murat

avec ses divisions de cuirassiers et de dragons qui se préci-
pitèrent sur l'ennemi : mettre la plus grande confusion dans
le corps de Rüchel fut pour eux l'affaire d'un instant. Ceci
accompli, ils prirent à revers les troupes du centre déjà en
retraite sur Weimar. Ce fut en vain que l'infanterie prussienne se forma en carrés de bataillon ; cinq ou six de ces
carrés furent enfoncés et sabrés et leurs canons tombèrent au
pouvoir de ces braves.

A partir de ce moment, la retraite se changea en une déroute complète ; les Français, poursuivant l'armée ennemie,
entrèrent presque en même temps qu'elle à Weimar et les
dragons de la réserve poussèrent jusque près d'Erfurth.

Le jour suivant, non-seulement la cavalerie, mais tous les
corps de l'armée française se mirent à la poursuite de l'ennemi ; la cavalerie surtout se conduisit d'une manière admirable dans cette affaire. Le 25 octobre, le grand-duc de Berg
investit Erfurth, et le 10, cette place capitula avec quatorze
mille hommes. Le 19, il était à Alberstadt et le lendemain
il inonda toute la plaine de Magdebourg de sa cavalerie ; lorsqu'il fut relevé par l'infanterie, il marcha sur Spandau et Stettin où s'étaient dirigées plusieurs colonnes prussiennes. Le
26, il arrivait à Zehdenich avec la brigade de cavalerie légère
du général Lasalle ; il avait donné ordre aux genéraux Beaumont et Grouchy de se diriger sur ce point avec leurs divisions de dragons.

A Zehdenich, les Prussiens lancèrent contre les Français
six mille hommes de cavalerie, formant l'avant-garde du
général Hohenlohe qui s'était retiré de Magdebourg et marchait sur Stettin.

La brigade du général Lasalle contint l'ennemi jusqu'à l'arrivée des divisions de dragons.

On chargea brillamment des deux côtés ; mais à la fin, les
Prussiens furent obligés de se retirer : sept cents hommes fu-

rent pris avec leurs chevaux; trois cents restèrent sur le champ de bataille, une grande partie fut jetée dans les étangs d'alentour et le reste s'enfuit avec beaucoup de peine. Ce combat mérite surtout d'attirer l'attention, parce qu'aucune infanterie ne protégeait ces cavaliers.

Le 27, Murat était à Hasleben, d'où il se dirigea sur Templin. Là, ayant appris que Hohenlohe marchait sur Prentzlow, il voulut s'y rendre. Il marcha toute la nuit avec les divisions de dragons des généraux Beaumont et Grouchy et les hussards de Lasalle qui formaient l'avant-garde. A 9 heures du matin il arriva devant Prentzlow, où était en effet le corps du général Hohenlohe qui se mettait en marche. Le grand-duc de Berg prit immédiatement ses dispositions : la brigade Lasalle soutenue par des dragons et de l'artillerie à cheval de ces divisions, devait charger dans les faubourgs de la ville; trois régiments de dragons franchirent le petit torrent qui passe à Prentzlow et devaient attaquer le flanc de l'ennemi; enfin, une brigade eut pour mission de tourner la ville. Cavalerie, infanterie et artillerie, tout fut repoussé dans la place. Murat aurait pu y entrer avec l'ennemi; mais il préféra envoyer son chef d'état-major pour sommer ces troupes de se rendre. Le général Hohenlohe capitula effectivement; seize mille hommes mirent bas les armes.

La brigade Lasalle se dirigea ensuite sur Stettin et obligea cette place forte à capituler : 160 canons, des magasins considérables et six mille hommes tombèrent ainsi entre les mains des hussards.

La démoralisation complète de l'armée prussienne peut seule expliquer ce fait.

Pendant ce temps le général Milhaud, formant la gauche du roi de Naples, faisait rendre les armes à six mille hommes à Passewalk.

Cent mille hommes avaient déjà été faits prisonniers depuis les batailles d'Iéna et d'Auerstaedt : l'infatiguable Murat continua sa marche afin de couper la retraite au général Blücher qui tentait de passer l'Oder. Celui-ci, harcelé à droite et à gauche par la cavalerie, se retira dans Lubeck où, après un combat sanglant, étant entouré par les divisions du grand-duc de Berg, il finit par se rendre.

Il est impossible de concevoir quelque chose de plus merveilleux que le service rendu à l'armée par cette cavalerie ; en trois semaines, Murat avec ses divisions s'était porté de la Saale à la mer. A cheval jour et nuit, il ne s'agissait pas seulement de marcher ; chaque jour il fallait encore combattre.

On ne sait si l'on doit admirer davantage la valeur montrée dans les différentes rencontres, ou la résistance de ces troupes dans des marches fatiguantes.

Rappelons-nous donc ces beaux faits et fixons-les bien dans notre mémoire, puisqu'ils nous montrent quels utiles services la cavalerie peut rendre en mille circonstances, et particulièrement dans les poursuites.

Dans la dernière campagne, les Prussiens n'oublièrent pas, à la fin de chaque bataille, de porter en avant quelques régiments de cavalerie afin de poursuivre l'ennemi. A Wörth, on en chargea la brigade wurtembergeoise Schiler, le 14e régiment de hussards et le 14e de dragons de la confédération du Nord. La brigade wurtembergeoise s'empara, près de Reichsoffen, d'un certain nombre de canons et de chariots et fit beaucoup de prisonniers.

Dans les batailles autour de Metz il était presque inutile de poursuivre les Français, vu la proximité de la place. Cependant, à la journée du 16 août, lorsque le feu eut cessé, vers huit heures du soir, le prince Frédéric-Charles ordonna à la 6e division de cavalerie de s'avancer de Flavigny sur Rézonville.

La brigade Rauch fit en cette occasion quelques prisonniers.

Nous avons successivement traité de l'emploi de la cavalerie de réserve dans les charges, dans les poursuites et dans
diverses circonstances imprévues ; passons maintenant au
dernier et non moins important, c'est-à-dire à son emploi
dans les retraites.

Il s'agit d'un moment bien critique, et ici se présentent
plus ou moins de difficultés à surmonter, selon le degré de
désordre dans lequel se trouve l'armée à couvrir.

C'est un moment bien difficile à choisir pour le général en
chef, que celui d'ordonner la retraite; car, trop tôt, on renonce
à toutes ces combinaisons infinies qui peuvent faire changer
le sort de la bataille; et trop tard, comme Napoléon à Waterloo, il n'est plus possible de se retirer en bon ordre. Dans
tous les cas, il est de fait que les troupes destinées à protéger
la retraite ont une mission bien pénible. La cavalerie avec
des fractions des autres armes s'emploie aussi dans ce moment critique, et il est nécessaire qu'elle se sacrifie pour le
bien de l'armée.

Un des points principaux à rappeler, c'est de tenir toute
son artillerie réunie pour en retirer le plus grand avantage
possible et pour qu'on ne soit pas obligé de laisser ni escadrons ni fractions plus grandes éparpillés çà et là en soutien
des pièces.

En protégeant une retraite, il faut avoir recours aux charges qui doivent être les plus impétueuses qu'il soit possible,
surtout si l'on a de la cavalerie devant soi; car il est très-
important de mettre un frein à sa poursuite, pour donner à
l'infanterie le temps de s'éloigner.

Il ne sera pas non plus inutile de rappeler qu'en gagnant
du terrain en arrière, il faut aller au pas, de préférence à toute
autre allure; jamais il ne faut prendre le galop. Mettre au ga-

lop une colonne de cavalerie en retraite, c'est jeter l'épouvante dans l'infanterie, et en outre lui faire courir le danger de se débander en peu de temps et de ne plus se trouver ensuite dans la main de celui qui la commande. La division de grosse cavalerie bavaroise commandée par le prince Thurn-Taxis, dans la campagne de 1866 sur le Mein, nous fournit un exemple. Cette division ne se trouvait pas dans le cas dont nous parlons; elle marchait seule vers Hersfeld.

L'extrême avant-garde ayant rencontré par hasard quelques bataillons d'infanterie prussienne, le feu de celle-ci la força à rétrograder et elle partit au galop. La panique se communiqua à la division toute entière et il en naquit une telle confusion qu'il fallut plusieurs jours pour la rassembler.

Comme bon emploi de la cavalerie dans les retraites, nous citerons la cavalerie autrichienne à Sadowa; elle empêcha que son armée n'eût à souffrir davantage dans cette journée; car elle donna à l'infanterie le temps de se porter en arrière; pourtant elle engendra quelque confusion parce qu'à la fin de la bataille, elle se retira au galop. Elle aurait pu faire bien davantage; mais, comme je l'ai déjà dit, Benedeck avait disséminé ses divisions de cavalerie de réserve sur toute sa ligne au lieu de les tenir réunies sur un seul point, et il lui fut impossible d'en tirer tout le secours qu'il aurait pu.

Enfin, nous rappellerons le bon emploi qu'on fit de la cavalerie italienne dans la soirée du 24 juin 1866. La division de ligne couvrit la retraite du 3e corps de Villafranca au Mincio d'une manière admirable et elle ne repassa ledit fleuve que le 25 au matin.

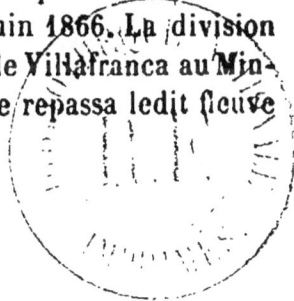

PUBLICATIONS DE LA RÉUNION DES OFFICIERS

En vente à la librairie militaire de Ch. **TANERA**,
6, rue de Savole, à Paris.

XXI-XXII-XXIII-XXIV. — **L'artillerie au siége de Strasbourg en 1870.** Notes recueillies par un officier de l'artillerie suisse, traduit de l'allemand par P. LARZILLIÈRE, capitaine d'artillerie. — Brochure in-12 avec plan . . . . 1 fr.

XXV-XXVI — **L'artillerie de campagne des grandes puissances européennes et les canons rayés,** traduit de l'allemand par MÉERT, capitaine d'artillerie. — Brochure in-12. . . . . 50 cent.

XXVII. — **Des canons et fusils à vapeur,** par J. L., capitaine d'artillerie. — Brochure in-12 . . . . 25 cent.

Manuel d'hygiène à l'usage des sous-officiers et soldats, par le docteur BURGKLY. — Brochure in-12 . . . 60 cent.

Entretien du 6 février 1872, fait à la Réunion des Officiers, sur l'armée prussienne, par M. LAHAUSSOIS, sous-intendant militaire. — Brochure in-12 . . . . . . 60 cent.

Hygiène militaire. Entretien fait le 10 février 1872, par le docteur Jules ARNOULD, médecin-major de première classe. — Brochure in-12 . . . . 60 cent.

Des tirailleurs, de leur instruction, de leur emploi, entretien fait le 17 février, par M. HERBINGER, capitaine adjudant-major au 1er provisoire. — Brochure in-12 . . . 60 cent.

Principes rationnels de la marche des Impedimenta dans les grandes armées. Entretien fait par M. Anatole BARATIER, sous-intendant militaire. Brochure in-12. . . 1 fr.

Organisation de l'armée de l'Allemagne du ~~Recrutement et libération.~~ Traduit de la 12e édition de l'ouvrage sur l'organisation de l'armée allemande du général de Witzleben, par le commandant LE MAITRE. — Brochure in-8o de 96 pages . . . . 2 fr.

Instruction du 9 juin 1866 concernant le service de garnison de l'armée prussienne. Traduit de l'allemand par MM. SAMION et LAPLANCHE. — Brochure in-12. . 1 fr. 25

SOUS PRESSE, POUR PARAITRE PROCHAINEMENT :

Trois entretiens sur l'organisation, faits par le colonel LEWAL. — Brochure in-12. 1872 . . . .

CH. TANERA, ÉDITEUR

LIBRAIRIE POUR L'ART MILITAIRE ET LES SCIENCES

RUE DE SAVOIE, 6, A PARIS

EXTRAIT DU CATALOGUE

LECOMTE. — Études d'histoire militaire, antiquité et moyen âge. 1 vol. in-8° . . . . 5 fr.

LECOMTE. — Études d'histoire militaire, temps modernes jusqu'à la fin du règne de Louis XIV. 1 vol. in-8°. . . . . . . 5 fr.

LECOMTE. — Guerre de la Prusse et de l'Italie contre l'Autriche et la Confédération germanique en 1866; relation historique et critique. 2 vol. grand in-8° avec cartes et plans. . 20 fr.

LECOMTE. — Guerre de la sécession; Esquisse des événements militaires et politiques des États-Unis, de 1861 à 1865. 3 vol. grand in-8° avec cartes. . . . . 15 fr.

LECOMTE. — Le général Jomini, sa vie et ses écrits. Esquisse biographique et stratégique. 1 vol. in-8° avec carte. 7 fr. 50

LIBIOULLE. — Le revolver Galand, nouveau système à percussion centrale et extracteur automatique. Br. in-8° avec fig. 1 fr.

LULLIER. — La vérité sur la campagne de Bohême en 1866, ou les quatre grandes fautes militaires des Prussiens. Br. in-8°. 1 fr.

MANGEOT. — Traité du fusil de chasse et des armes de précision, nouvelle édition. 1 vol. in-8° avec figures dans le texte et planches . . . . 5 fr.

MARNIER. — Souvenirs de guerre en temps de paix : 1793, 1806, 1823, 1862, récits historiques et anecdotiques extraits de ses Mémoires inédits. 1 vol. in-8°. . . . . 3 fr.

MOSCHELL. — De l'effet du tir à la guerre et de ses causes perturbatrices. Br. in-8°. . . . . 1 fr.

ODIARDI. — Des nouvelles armes à feu portatives adoptées ou à l'étude dans l'armée italienne. Br. in-8° avec planche. . 2 fr.

ODIARDI. — Des balles explosibles et incendiaires. Br. in-8° avec planche. . . . . 2 fr.

PIRON. — Manuel théorique du mineur; nouvelle théorie des mines, précédée d'un exposé critique de la méthode en usage pour calculer la charge et les effets des fourneaux, et d'une étude sur la poudre de guerre. 1 vol. grand in-8° avec pl. 12 fr.

PIRON. — Essai sur la défense des eaux et sur la construction des barrages. 1 vol. grand in-8° avec planches. . . . 6 fr.

PLOENNIES (DE). — Le fusil à aiguille, notes et observations critiques sur l'arme à feu se chargeant par la culasse, traduit de l'allemand par E. Heydt. Br. in-8° avec planche. . . . 3 fr.

QUESTIONS de stratégie et d'organisation militaire relative aux événements de la guerre de Bohême, par un officier général (Jomini). Br. in-8°. . . . . 1 fr

SCHMIDT. — Le développement des armes à feu et autres engins de guerre, depuis l'invention de la poudre à tirer jusqu'aux temps modernes. 1 vol. in-8°, avec 107 planches. . . 10 fr.

SCHOTT. — Des forts détachés, traduit de l'allemand par Bacharach. Br. in-8° avec planche . . . . 2 fr.

SCHULTZE. — La nouvelle poudre à canon, dite poudre Schultze, et ses avantages sur la poudre à canon ordinaire et autres produits analogues. Traduit de l'allemand par W. Reymond. Brochure in-8°. . . . . 2 fr.

TACKELS. — Étude sur le pistolet au point de vue de l'armement des officiers. Br. in-8° avec figures . . . . 1 fr. 50

TACKELS. — Conférences sur le tir, et projets divers relatifs au nouvel armement. 1 vol. in-8° avec planches . . . 5 fr.

TACKELS. — Étude sur les armes à feu portatives, les projectiles et les armes se chargeant par la culasse. 1 vol. in-8° avec pl. 6 fr.

TACKELS. — Les fusils Chassepot et Albini, adoptés respectivement en France et en Belgique. Br. in-8° avec planches. 2 fr.

TACKELS. — Armes de guerre; Étude pratique sur les armes se chargeant par la culasse; les mitrailleuses et leurs munitions; le canon Montigny-Eberhaerd; le fusil Montigny; les fusils Charrin, Remington, Jenks, Cochran, Howard, Peabody, Dreyse, Chassepot, Snider, Terssen, Albini; les cartouches périphériques, etc., etc. 1 vol. in-8° avec planches. . . . . . 8 fr.

TACKELS. — La carabine Tackels-Gerard, nouveau système de culasse mobile, dite à bloc, à percussion centrale pour armes de guerre. Br. in-8° . . . . 50 c.

TACKELS. — Le nouvel armement de la cavalerie depuis l'adoption de l'arme se chargeant par la culasse. 1 vol. in-8°, avec planches. . . . . 5 fr.

UNGER. — Histoire critique des exploits et vicissitudes de la cavalerie pendant les guerres de la Révolution et de l'Empire jusqu'à l'armistice du 4 juin 1813, d'après l'allemand. 2 volumes in-8° . . . . 12 fr.

VANDEVELDE. — La tactique appliquée au terrain. 1 vol. in-8° avec atlas . . . . 7 fr. 50

VANDEVELDE. — Manuel de reconnaissances, d'art et de sciences militaires, ou Aide-mémoire pour servir à l'officier en campagne. 1 vol. in-18 avec planches . . . . 5 fr.

VANDEVELDE. — Précis historique et critique de la campagne d'Italie en 1859. 1 vol. in-8° avec cartes et plans. . . 12 fr.

VANDEVELDE. — La guerre de 1866 en Allemagne et en Italie. 1 vol. in-8° avec cartes . . . . 6 fr.

VANDEVELDE. — Commentaire sur la tactique à propos du *Mémoire militaire* par le prince Frédéric-Charles de Prusse. Br. in-8°. **2 fr.**

VARNHAGEN VON ENSE. — Vie de Seydlitz, traduit de l'allemand par Savin de Larclause. 1 vol. in-8° avec portrait et plans. **5 fr.**

VERTRAY. — Album de l'expédition française en Italie en 1849, contenant 14 dessins, 4 cartes topographiques indiquant les opérations militaires, avec un texte explicatif. 1 vol. grand in-folio. . . . . **10 fr.**

WAUWERMANS. — Mines militaires. Études sur la science du mineur et les effets dynamiques de la poudre (application de la thermodynamique). 1 vol. in-8° avec planches . . . **7 fr. 50**

WAUWERMANS. — Applications nouvelles de la science et de l'industrie à l'art de la guerre. — Télégraphie militaire. — Aérostation. — Éclairage de guerre. — Inflammation des mines. 1 vol. in-8° avec figures. . . . . **4 fr.**

NOUVELLES PUBLICATIONS

BAYLE. — L'électricité appliquée à l'art de la guerre. Br. grand in-8° avec planches. . . . . **3 fr.**

BODY. — Aide-Mémoire portatif de campagne pour l'emploi des chemins de fer en temps de guerre, d'après les derniers événements et les documents les plus récents. 1 vol. in-18 avec planches . . . . **4 fr.**

FIX. — Guide de l'officier et du sous-officier aux avant-postes, d'après les meilleurs auteurs. 1 vol. in-18. . . . . **2 fr 50**

ODIARDI. — Les armes à feu portatives rayées de petit calibre. 1 vol. in-8° avec planches . . . . **3 fr.**

PEIN. — Lettres familières sur l'Algérie, un petit royaume arabe. 1 vol. in-12. . . . . **3 fr.**

POULAIN. — Lettres sur l'artillerie moderne, canon de 7 et gargousse obturatrice, le bronze et l'acier, mitrailleuse française. Br. in-8° . . . . **1 fr.**

SUZANNE. — Des causes de nos désastres; la proscription des armes et le monopole de l'artillerie. Br. grand in-8. . **2 fr.**

Paris, Imp. H. Carion, rue Bonaparte. 64.

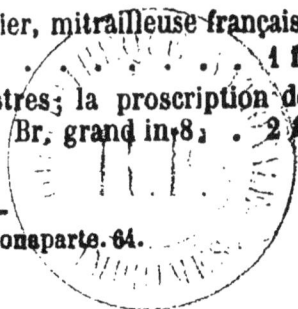